지은이 산제이 마노하
옥스퍼드 대학교의 겸임 교수예요. 신경학과 인지신경과학을 연구하고 있어요. 전문 분야에 관해서 다양한 글을 썼으며, 훌륭한 학술상을 수차례 받고 여러 연구를 지원받았어요. 현재 아내, 그리고 두 아이와 함께 영국 옥스퍼드에서 살고 있어요.

그린이 게리 볼러
영국 햄프셔에서 아내와 두 아이, 그리고 치와와 한 마리, 고양이 네 마리와 살고 있어요. 그래픽 디자이너면서 런던 광고계에서 수년간 활동했어요. 어린 시절 낙서를 좋아했고, 당시 인기였던 만화 잡지 《더 비노》와 《더 댄디》를 사랑했어요. 많은 단행본과 만화에서 그림을 그렸어요. 앞서 말한 두 잡지에서도 활동했답니다.

옮긴이 김선영
식품 영양학과 실용 영어를 공부한 뒤, 영어 문장을 아름다운 우리말로 요모조모 바꿔 보며 즐거워하다가 본격적으로 번역을 시작했어요. 옮긴 책으로 《불을 꺼 주세요》 《밥을 먹지 않으면 뇌가 피곤해진다고?》 《플라스틱 지구》 《이상한 나라의 앨리스》 외 여러 권이 있답니다.

말랑말랑 두뇌 탐험 ❷
뇌, 마음을 부탁해!

첫판 1쇄 펴낸날 2024년 10월 28일 | **지은이** 산제이 마노하 | **그린이** 게리 볼러 | **옮긴이** 김선영 | **발행인** 조한나 | **주니어 본부장** 박창희 | **편집** 박진홍 정예림 강민영 | **디자인** 전윤정 김혜은 | **마케팅** 김인진 | **회계** 양여진 김주연 | **인쇄** 신우인쇄 | **제본** 에이치아이문화사 | **펴낸곳** (주)도서출판 푸른숲 | **출판등록** 2003년 12월 17일 제2003-000032호 | **제조국** 대한민국 | **주소** 경기도 파주시 심학산로 10, 우편번호 10881 | **전화** 031)955-9010 | **팩스** 031)955-9009 | **인스타그램** @psoopjr | **이메일** psoopjr@prunsoop.co.kr | **홈페이지** www.prunsoop.co.kr | ⓒ푸른숲주니어, 2024 | ISBN 979-11-7254-512-3 (74470) 979-11-7254-510-9 (세트)

잘못된 책은 구입하신 서점에서 바꿔 드립니다.
KC 마크는 이 제품이 공통안전기준에 적합하였음을 의미합니다. 던지거나 떨어뜨려 다치지 않도록 주의하세요.

Adventures of the Brain: Brain's Emotions
Text by Professor Sanjay Manohar and Illustrations by Gary Boller
First published in Great Britain in 2024 by Wayland.
Copyright ⓒ Hodder and Stoughton, 2024
Korean edition copyright ⓒ Prunsoop Publishing Co., Ltd., 2024
All rights reserved.

This Korean edition is published by arrangement with Hodder & Stoughton Limited,
on behalf of its publishing imprint Wayland, a division of Hachette Children's Group,
through Shinwon Agency Co., Seoul.

이 책은 신원에이전시를 통한 Hodder & Stoughton Limited와의 독점 계약으로 (주)도서출판 푸른숲에서 출간되었습니다.
저작권법에 의해 한국 내에서 보호를 받는 저작물이므로 무단 전재와 복제를 금합니다.

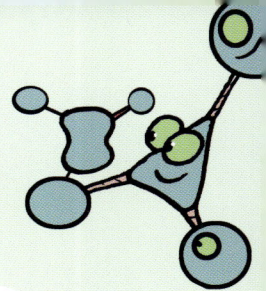

뇌, 마음을 부탁해!

산제이 마노하 글 | 게리 볼러 그림 | 김선영 옮김

푸른숲주니어

차례

감정이 뭐야?	4
뇌도 진화를 해	6
대뇌 겉질이 우리의 감정을 조절해	8
갑자기 배가 고프면?	10
너의 욕구에 귀 기울여 봐	12
깜짝 놀라면…	14
두려울 땐 아드레날린이 뿜뿜!	16

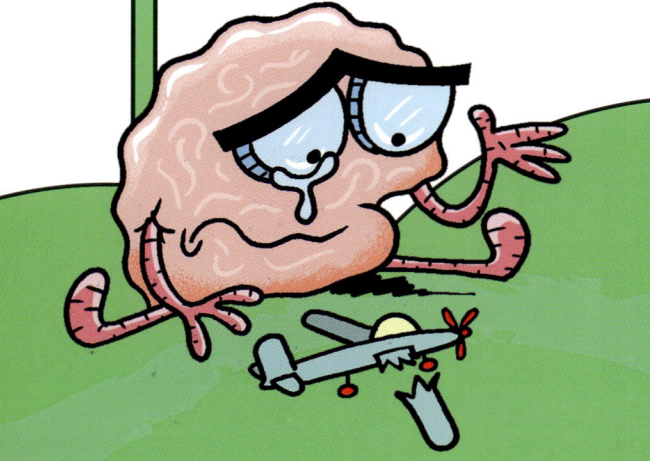

기억에 따라 기분이 왔다 갔다 해 — 18

기분을 맘대로 바꿀 수 있을까? — 20

분노와 후회 사이 — 22

화가 났다가 후회가 되었다가 — 24

쿨쿨, 잠이 와 — 26

잠잘 땐 의식이 없어 — 28

내 안의 세상, 뇌! — 30

말랑말랑 두뇌 용어 사전   32

감정이 뭐야?

감정은 어떤 일이 생겼을 때
느껴지는 마음이나 기분이야.

우리는 감정에 따라 웃기도 하고 울기도 하지.

자부심

겁을 내기도 하고 화를 내기도 해.

질투

자부심을 느끼기도 하고 질투심을 느끼기도 하고.

이런 게 다 감정이야. 우리는 점점 자라면서
감정을 조절하고 활용하는 법을 배워.

운동 시합이나 시험을 앞두고서 혹시라도 망치게 될까 봐 **걱정**이 될 때가 있지? 그럴 땐 연습을 많이 하거나 공부에 집중하면 자신감이 생길 거야.

실패를 겪고 **화**가 났을 땐 어떻게 하면 좋을까? 분노에만 휩싸여 있지 말고 실력을 키우기 위해 노력해 보는 게 어때?

나쁜 감정이 생겼을 땐 너무 커지지 않게 조절해야 해. 그런 감정이 오히려 도움이 되도록 사용할 줄 안다면 좀 더 똑똑하게 살아갈 수 있어.

나쁜 감정이 왜 생겼는지 곰곰이 생각해 보고 나서, 그 감정에 대해 솔직하게 이야기해 봐.

너, 그거 알아?

감정을 밖으로 '내보내면' 기분이 한결 나아져. 어떻게 하냐고? 울거나, 소리를 지르거나, 베개를 팡팡 치면 되지. 아, 크게 웃어도 돼. 하지만 더 좋은 방법은 감정을 말로 표현하는 거야!

뇌도 진화를 해

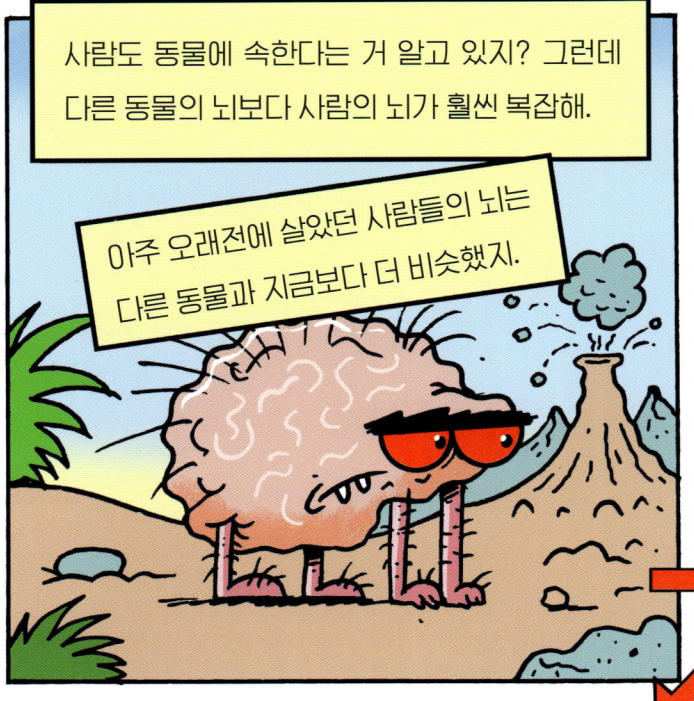

사람도 동물에 속한다는 거 알고 있지? 그런데 다른 동물의 뇌보다 사람의 뇌가 훨씬 복잡해.

아주 오래전에 살았던 사람들의 뇌는 다른 동물과 지금보다 더 비슷했지.

사람의 뇌는 진화를 거치면서 차츰차츰 커졌어. 그러면서 점점 더 똑똑해졌어!

뇌줄기는 우리 뇌에서 가장 깊숙한 곳에 있어. 우리의 반응을 조절하는 일을 하지.

뇌줄기

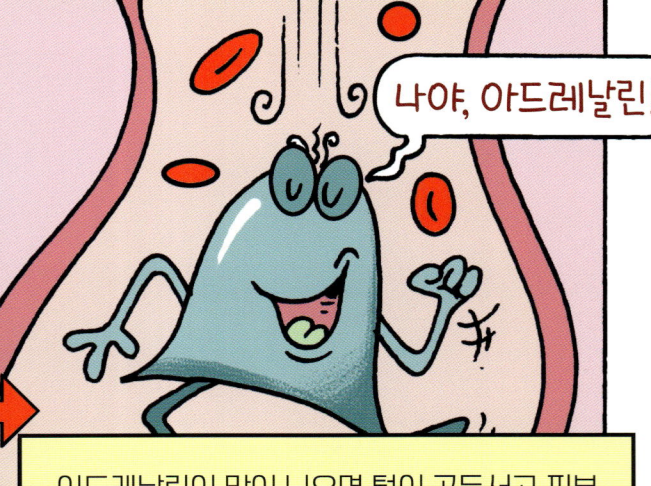

우리가 강렬한 감정을 느끼면 아드레날린이라는 호르몬이 생겨나. 뇌줄기가 신호를 보내면, 콩팥 위샘이 혈액으로 아드레날린을 분비해.

나야, 아드레날린!

아드레날린이 많이 나오면 털이 곤두서고 피부가 차가워지면서 땀이 나. 소화도 잘 안 되고. 그러면 심장이 혈액을 많이 내보내기 위해 무지 빠르게 뛰어.

대뇌 겉질이 우리의 감정을 조절해

갑자기 배가 고프면?

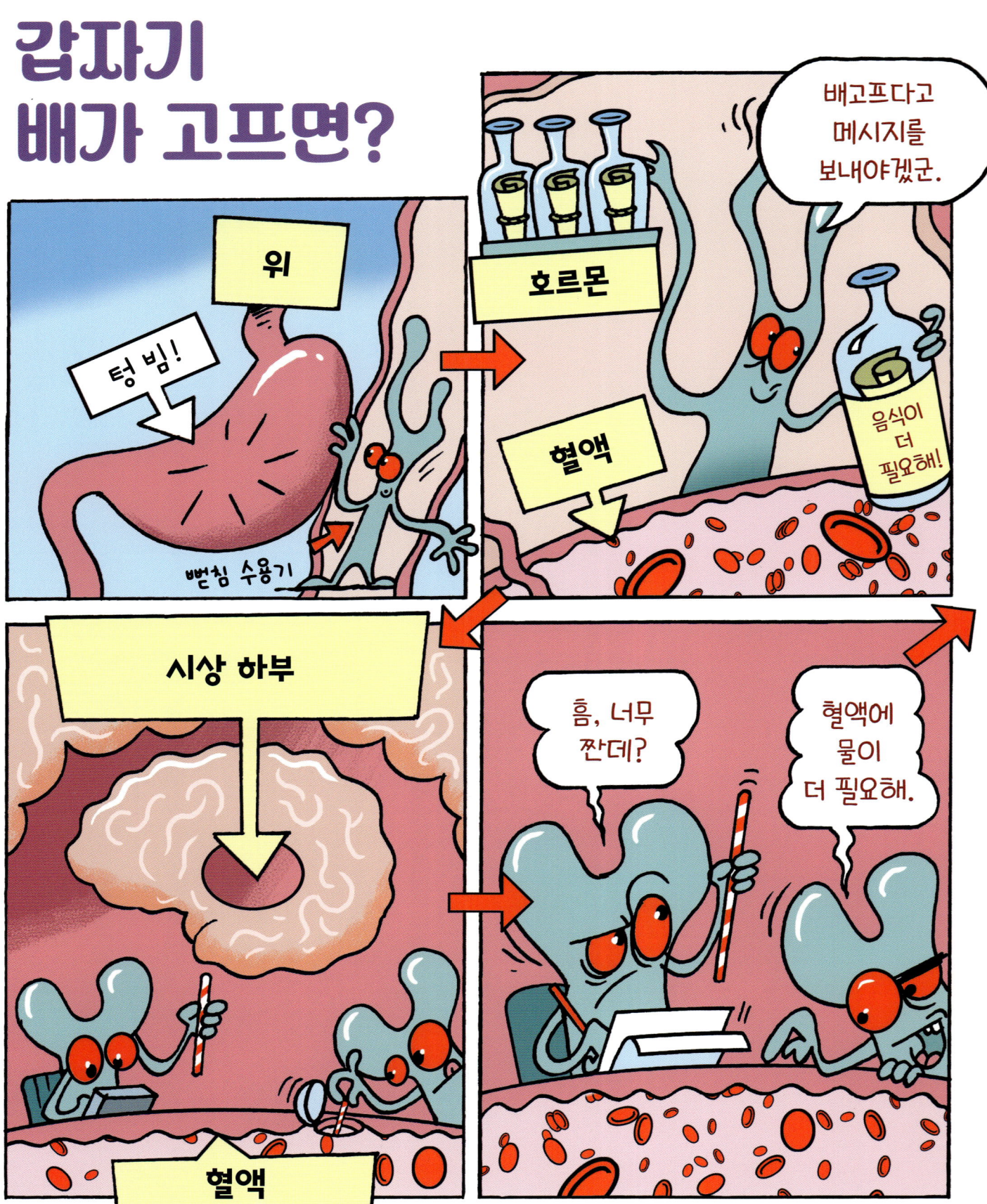

너의 욕구에 귀 기울여 봐

우리가 살아가기 위해선 꼭 필요한 것들이 있어. 배가 고프면 음식을, 목이 마르면 물을 원하지. 이렇게 뭔가를 원하는 걸 **본능적 욕구**라고 해. 살아 있는 동물은 모두 욕구가 있어. 그래야 위험을 피하고 안전하게 살아갈 수 있거든.

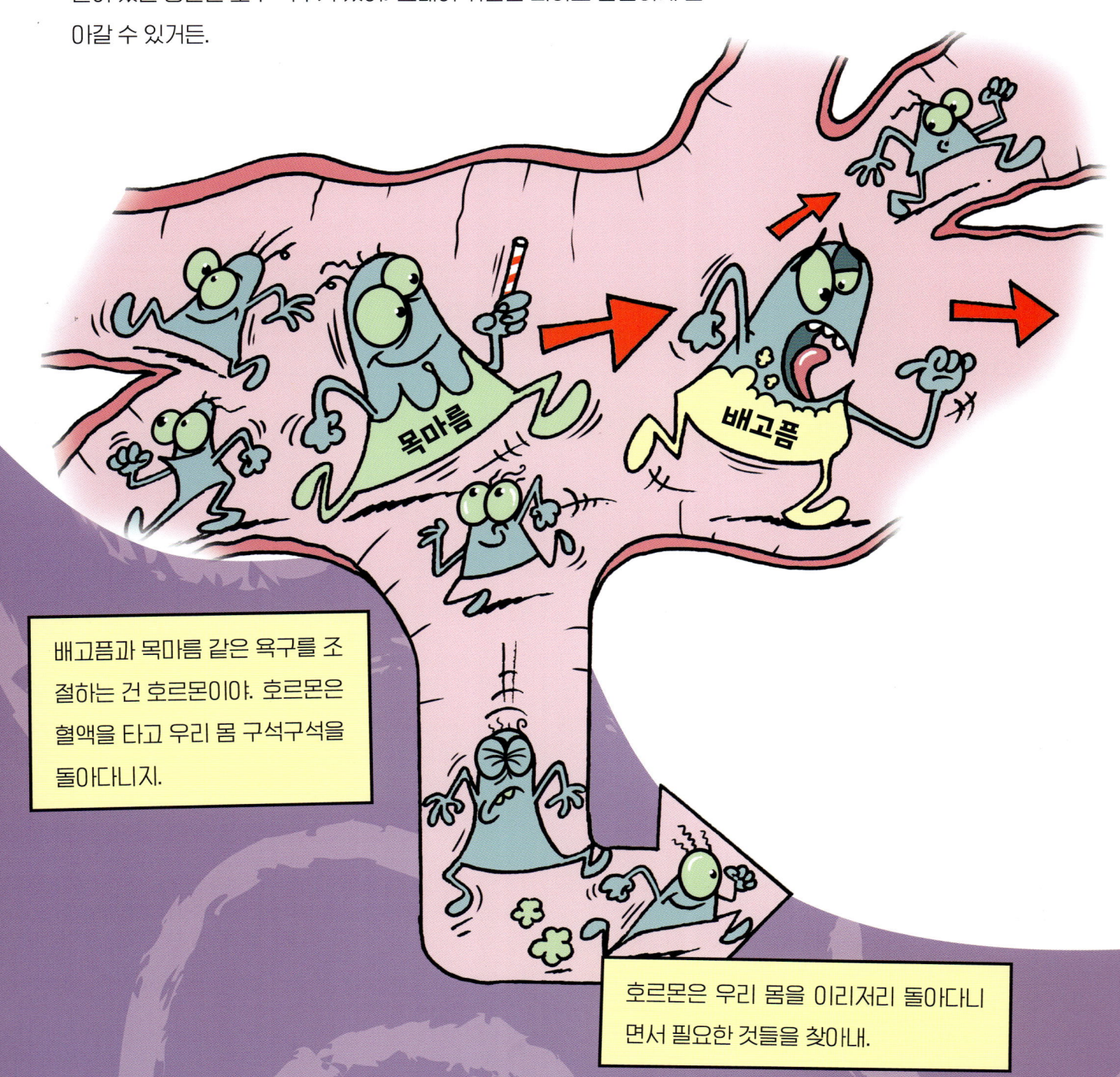

배고픔과 목마름 같은 욕구를 조절하는 건 호르몬이야. 호르몬은 혈액을 타고 우리 몸 구석구석을 돌아다니지.

호르몬은 우리 몸을 이리저리 돌아다니면서 필요한 것들을 찾아내.

깜짝 놀라면…

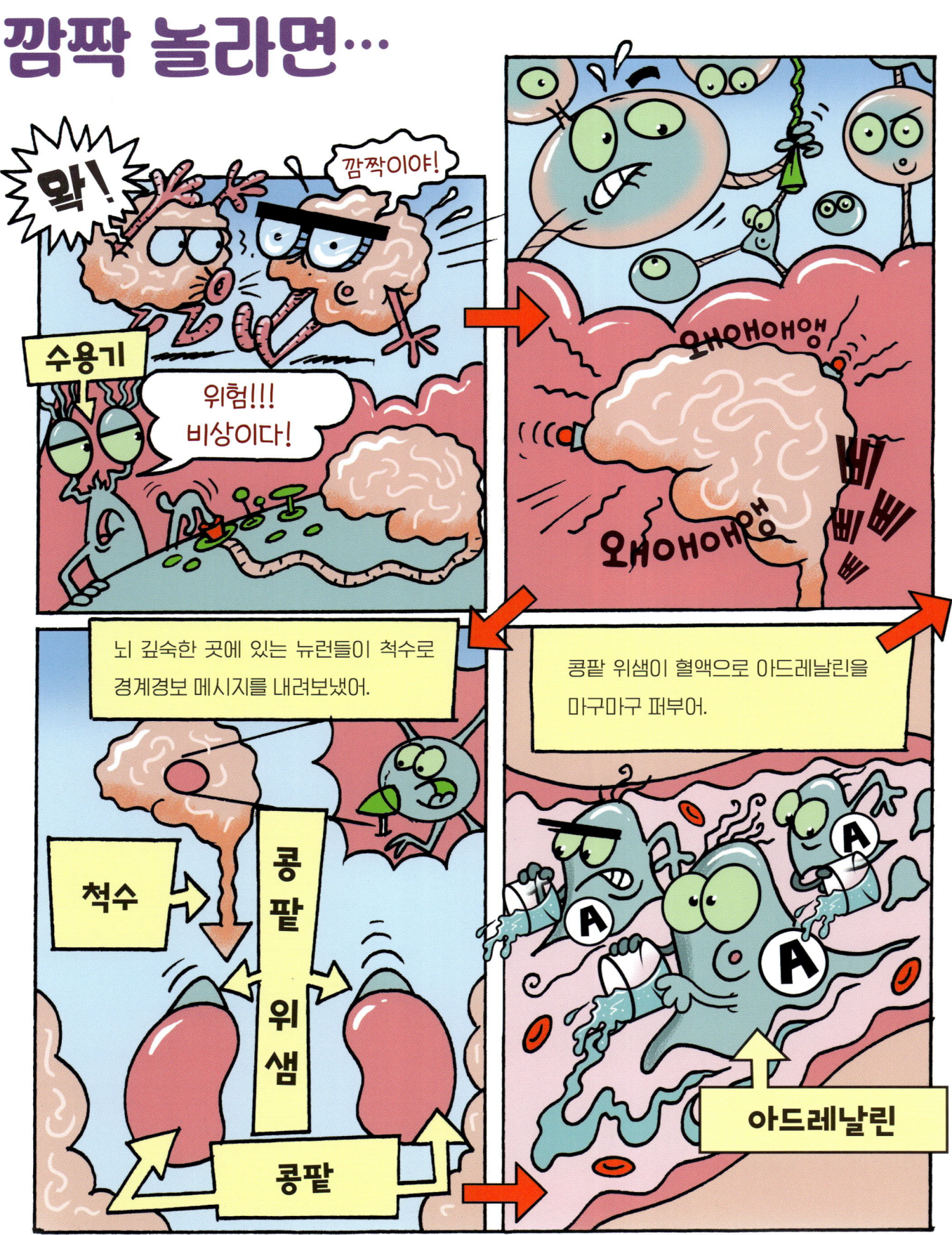

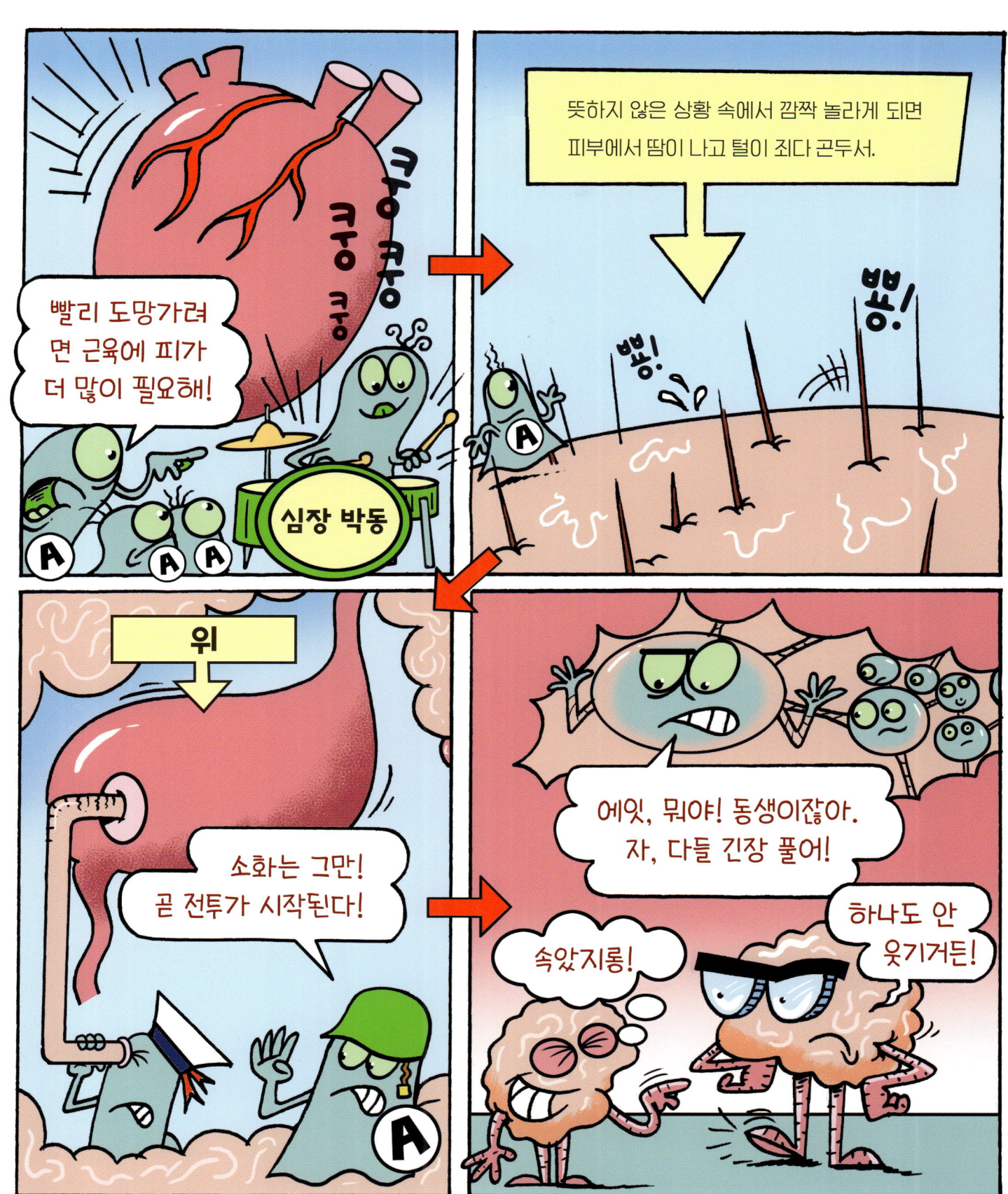

두려울 땐 아드레날린이 뿜뿜!

아드레날린은 호르몬이야.
콩팥 위샘에서 혈액으로 분비되지.

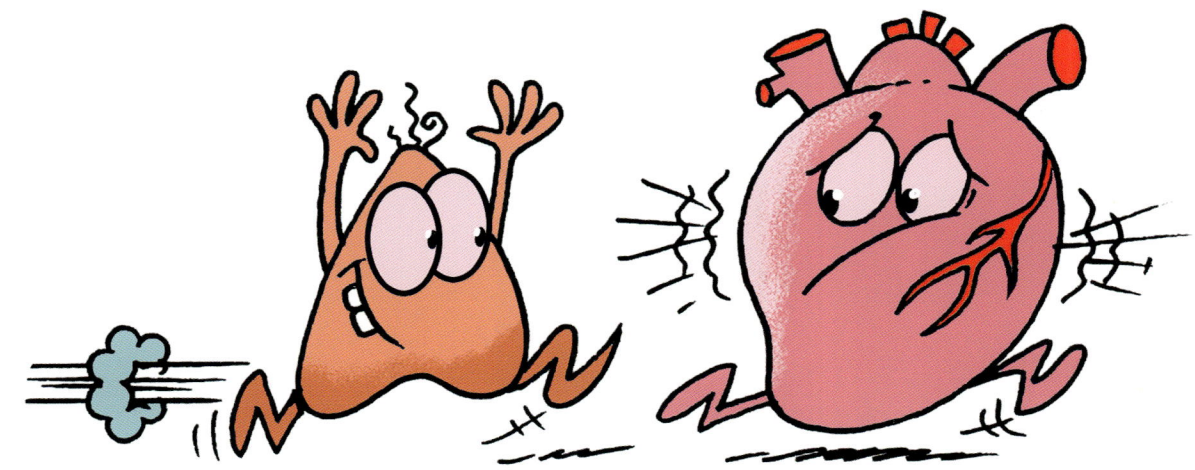

아드레날린은 싸우거나 피해야 할 상황에서 우리를 준비시키는 일을 해. 그러니까 겁을 먹거나 화가 나면 아드레날린이 만들어져. 그럴 때 우리는 공격할 준비를 할 수도 있고, 달아날 준비를 할 수도 있어. 이걸 투쟁 도피 반응이라고 했지?

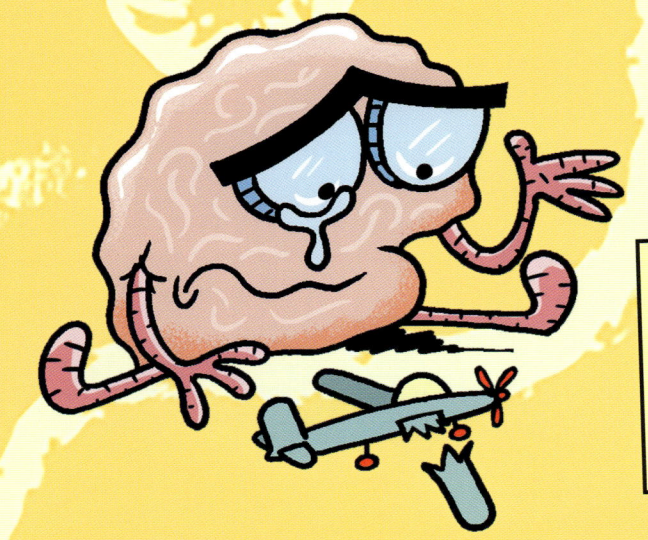

이 반응은 우리 뇌줄기가 깜박 속아서 일어나기도 해. 가령 장난감이 고장나거나 게임에서 졌을 때, 우리가 위험에 처했다고 착각을 하고서 아드레날린을 분비하기도 하거든.

투쟁 도피 반응은 약 오 분 정도 이어져.
- 일단 심장박동이 빨라져.
- 토할 것 같은 느낌이 들어.
- 가슴도 울렁거리지.
- 식은땀이 나거나 겁에 질려서 쩔쩔매기도 해.

이런 반응이 멈추지 않으면 두려움과 걱정이 커지겠지?

두려움 끝!

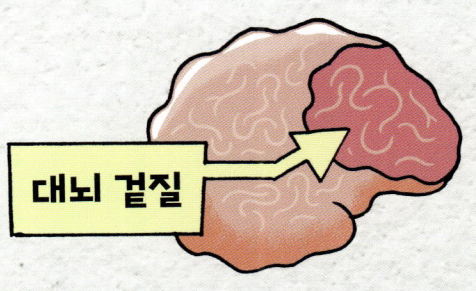

대뇌 겉질은 두려움에 대한 반응을 조절해.

- 마음이 차분해지는 일들을 떠올려 봐. 욕조에 몸을 담그고 있는 건 어때?

- 근육에 힘이 들어가 있을지도 몰라. 한 번에 한 군데씩 차근차근 힘을 풀어 봐.

- 천천히 심호흡을 해 봐.

- 재미있는 이야기를 떠올리거나 상상을 하는 것도 좋아.

기억에 따라 기분이 왔다 갔다 해

수업을 마친 후 말랑이가 집으로 가고 있어.

저녁에 맛있는 오믈렛 먹을래?

싫어요! 날 그냥 내버려두세요!

뇌줄기의 안쪽 뉴런들이 혈액 속의 호르몬을 확인해.

뇌줄기

흠, 이 혈액을 검사해 봐야겠는걸.

왜 안 먹겠다는 건데?

기분이 안 좋아요. 오늘 하루 내내 최악이었거든요!

신호 발송

기분을 맘대로 바꿀 수 있을까?

기분은 긍정적일 수도 있고 부정적일 수도 있어.

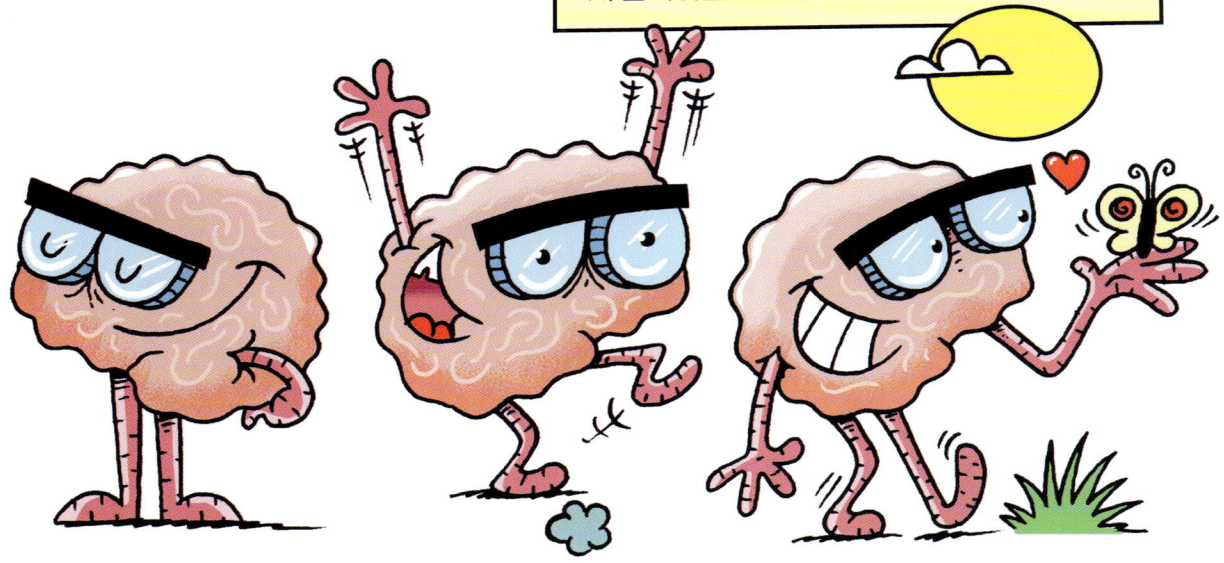

행복하거나 재미있거나 좋은 일이 생길 것 같은 예감이 드는 것, 그리고 필요한 걸 가지게 되어서 만족하는 건 긍정적인 기분이야.

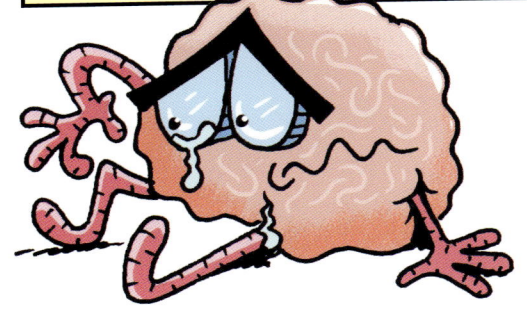

부정적인 기분은 슬프거나 화나거나 걱정스럽거나 짜증스러운 거야. 원하는 걸 갖지 못해서 답답한 것도 부정적인 기분이고.

기분은 보통 몇 분 정도만 이어지지만, 상황에 따라서 더 오래 갈 수도 있어. 우리는 기분에 따라 말투와 행동이 달라져. 그래서 기분은 자기 자신뿐 아니라 주변 사람들에게도 큰 영향을 미치지.

우리가 행복한 기분을 느낀다면? 뇌가 행복감을 더 잘 느낄 수 있게 도와주는 호르몬을 분비해. 음, 이런 호르몬을 많이 타고난 사람도 있고, 적게 타고난 사람도 있지. 다른 기분도 마찬가지야. 그래서 기분을 마음대로 조절하는 건 생각보다 어려워.

호르몬

숙제를 미뤄 둔 채 실컷 놀고 난 뒤엔 어떤 기분이 들어? 후회와 죄책감이 들지.

더 좋을 수도 있었던 상황이 떠오르면? 아쉬움과 슬픔이 느껴지게 돼.

그런 느낌을 억지로 누르려고 하지는 마. 기분이 왜 안 좋은지 곰곰이 생각해 보면 기분을 조절하는 방식을 찾을 수 있을 거야. 세상일에는 대부분 좋은 면이 한 가지는 있거든. 그 좋은 면을 찾는 연습을 해 보도록 하자!

화가 났다가 후회가 되었다가

사람들은 서로서로 다른 생각을 하면서 살아가. 그래서 어릴 때는 다른 사람의 생각을 짐작하기가 어려워. 여섯 살이 넘으면 다른 사람의 생각을 조금씩 이해하게 돼. '사회적' 뇌가 발달하기 시작하거든.

> **너, 그거 알아?**
>
> 우리는 다른 사람의 영향을 많이 받으면서 살아가. 학교에 있을 때랑 집에 있을 때랑 완전히 다르게 행동할 때가 있지? 뇌가 주위 사람들을 보고 우리의 행동을 조절해서 그래.

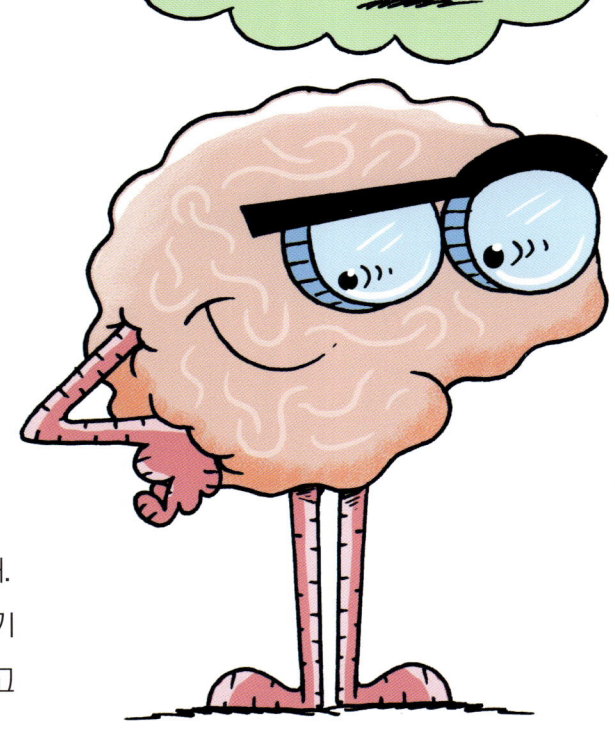

뇌는 다른 사람들을 행복하게 만들어 주고 싶어 해. 다른 사람들이 행복해하거나 기뻐하는 걸 보면 기분이 좋아지거든. 우리가 다른 사람의 관심을 받고 싶어 하는 것도 알고 보면 비슷한 감정이야.

우리는 어디에서나 마음을 읽으려고 해. 예를 들어, 문가에서 맴도는 파리를 보고도 이렇게 말하지.
"파리가 밖으로 나갈까 말까 고민하는 건가?"

컴퓨터가 느려지면 이렇게 말해.
"오늘따라 왜 이렇게 꾸물거리지?"

나란히 주차된 차를 보고는 차들이 얼굴을 맞댄 채 대화를 나누는 것 같다고 생각할 때도 있어.

물론 파리나 컴퓨터, 자동차에게 '마음'은 없을 거야. 그렇지만 우리는 사물에도 마음이 있는 것처럼 생각할 때가 많아. 우리가 사물을 사람인 것처럼 여기는 건 아주 정상적인 일이야!

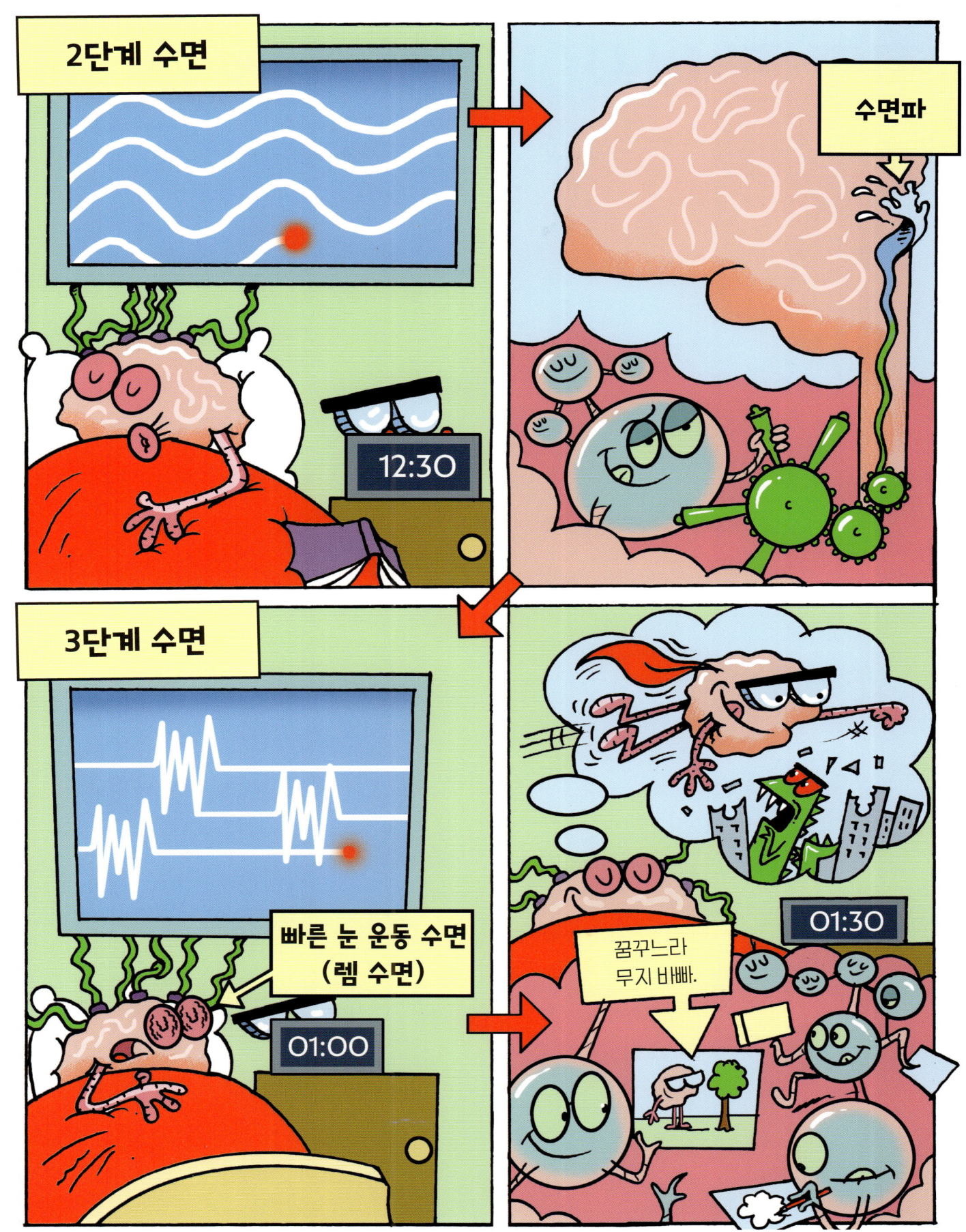

잠잘 땐 의식이 없어

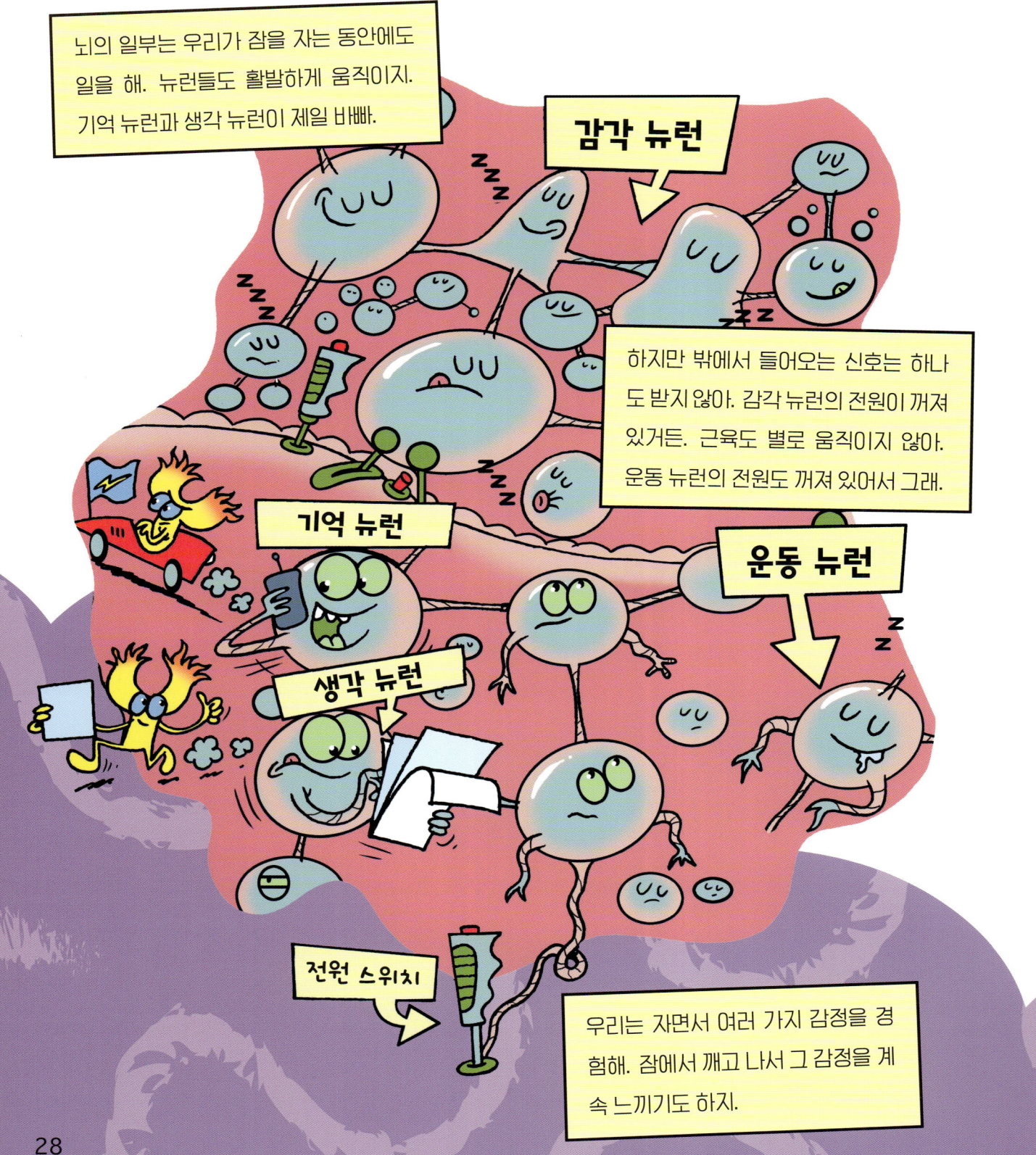

우리가 꿈을 꿀 때, 생각 뉴런들은 기억을 찾아가. 기억을 바탕으로 새로운 것들을 상상해 내지.

> **너, 그거 알아?**
> 거의 모든 동물의 뇌는 잠을 자야 해. 어떤 동물은 잠을 잘 때 뇌의 반쪽만 잠이 들어. 나머지 반은 깨어 있고!

잠잘 때 꿈을 꾸지 않는 동물도 있어!

뇌에 혈액이나 산소, 영양소가 부족하게 되면 뇌의 전원이 꺼져. 이걸 혼수상태라고 해. 잠을 잘 때와 비슷하지만, 혼수상태에서는 뉴런들이 활동하지 않아.

깨어 있을 때는 의식이 있지? 지금 여기에 내가 존재한다는 걸 알잖아. 하지만 잘 때나 혼수상태에 있을 때는 의식이 없어. 이걸 무의식 상태라고 해. 무엇이 우리의 의식을 만드는지는 아직 밝혀지지 않았어.

의사들은 전신 마취로 사람을 '잠들게' 할 수 있어. 전신을 마취한다는 건 뇌의 전원을 끄는 것과 같아. 그때 뇌는 아무것도 느끼지 못해.

내 안의 세상, 뇌!

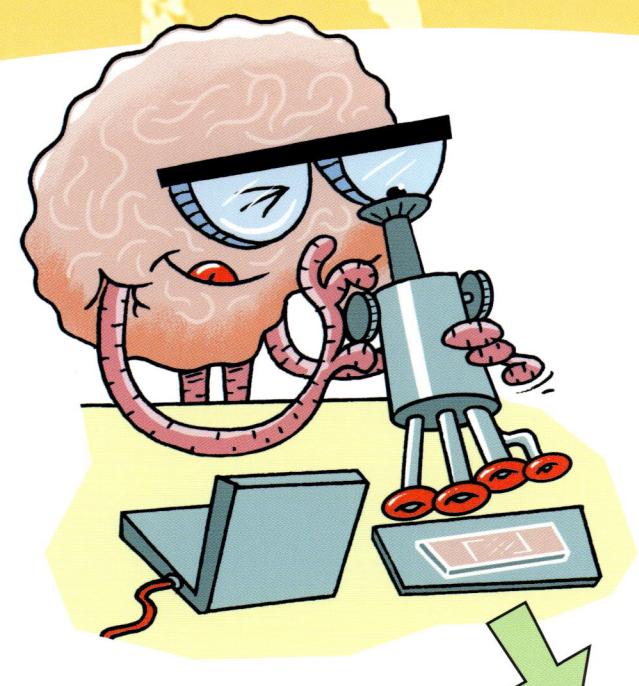

과학자들은 다양한 방법으로 뇌를 연구하고 있어.

뉴런과 뉴런 사이의 시냅스들은 서로 정보를 전달해. **현미경**으로 그 과정을 볼 수 있어. 뉴런들은 서로 소통하면서 계산을 하는데, 아주 가느다란 전선을 이용해서 그 과정을 측정할 수 있어.

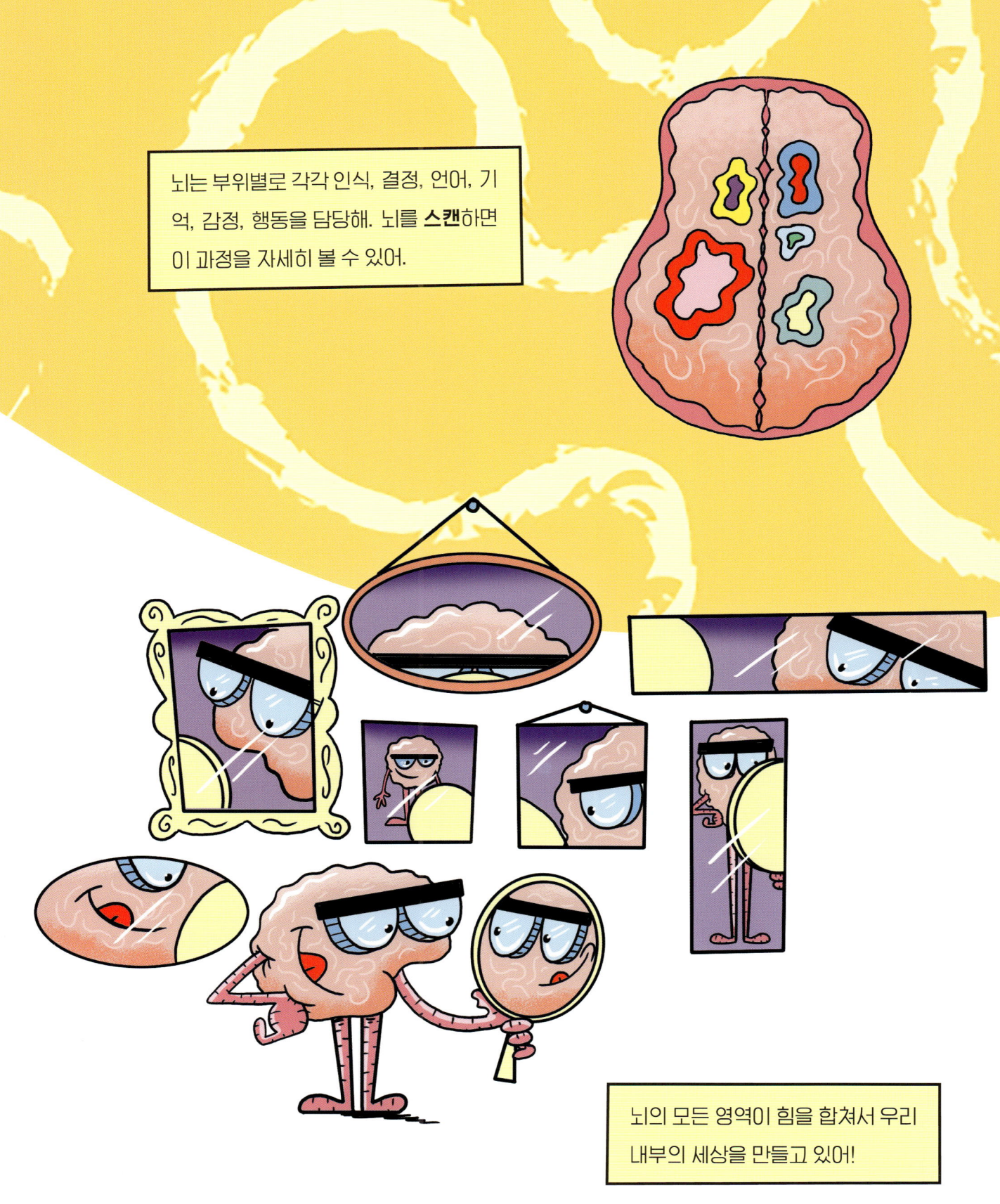

말랑말랑 두뇌 용어 사전

뉴런 서로 소통하면서 간단한 결정을 내리는 뇌의 신경 세포야.

대뇌 겉질 대뇌의 겉에 있는 주름진 층이야.

동기 어떤 일을 하게 하는 이유야.

시냅스 뉴런과 뉴런이 신호를 전달할 수 있도록 연결되는 지점이야.

수용기 외부의 변화에 반응하는 세포야.

시상 하부 뇌의 한 영역이야. 이곳에서 체온과 심장박동, 기분, 배고픔, 목마름을 통제하고 조절하는 호르몬을 만들어.

아드레날린 위험한 상황과 마주했을 때, 도망치거나 싸우기 위해 나오는 호르몬이야. 심장을 빠르게 뛰게 만들어서 순간적으로 격렬한 운동을 잘할 수 있게 만들어 줘.

이마엽 읽고, 쓰고, 말하는 일을 하는 뇌의 부위야. 판단하고 기억하는 일도 해.

위 위산을 내뿜어서 음식을 잘게 부수어 소화시키는 장기야.

콩팥 위샘 콩팥 위 끝부분에 있는 분비샘이야. 아드레날린을 만들어.

호르몬 우리 몸에 있는 화학 물질이야. 우리 몸 곳곳에서 신호를 전달해.

혼수상태 의식을 잃은 상태야. 부르거나 깨워도 정신을 차리지 못해.